智能控制系统
集成与装调

（工作手册）

徐小明　孙锡保　盛艳君　主编

尹静文　沙　莎　郑小慧　贾艳瑞　杨　威　申向丽　副主编

清华大学出版社
北京

内 容 简 介

本书以理念创新为先导,采取"任务+学习活动"创新学习方式和教育模式,是促进学生主动、有效学习的立体可视化教材。本书通过企业典型案例,深入浅出地介绍了智能控制系统集成与装调控制系统的实现方法,工业机器人、机器视觉系统和PLC编程与组态的设计方法与使用技巧,以及工业机器人智能检测与装配工作站的工程实例,融"教、学、做"为一体,"工学结合、任务驱动",具有可操作性和实践性。本书注重强化学生的创新意识,培养学生解决实际工程任务的综合技能,提升学生精益求精的工匠精神和职业技能。

本书内容丰富、重点突出,强调知识的实用性,读者可以扫描书中的二维码使用微课和动画资源辅助学习。本书适用于高等职业院校智能控制类、机电类和电气类的"智能控制系统集成与装调"课程,可作为"1+X"工业机器人应用编程初级、中级取证教材,也可供入门和提高级别的工程技术人员使用。

图书在版编目(CIP)数据

智能控制系统集成与装调/徐小明,孙锡保,盛艳君主编.—北京:清华大学出版社,2023.4
ISBN 978-7-302-62900-9

Ⅰ.①智… Ⅱ.①徐… ②孙… ③盛… Ⅲ.①智能控制－控制系统 Ⅳ.①TP273

中国国家版本馆 CIP 数据核字(2023)第 035813 号

责任编辑:王剑乔
封面设计:何凤霞
责任校对:袁 芳
责任印制:丛怀宇

出版发行:清华大学出版社
   网 址:http://www.tup.com.cn,http://www.wqbook.com
   地 址:北京清华大学学研大厦 A 座 邮 编:100084
   社 总 机:010-83470000   邮 购:010-62786544
   投稿与读者服务:010-62776969,c-service@tup.tsinghua.edu.cn
   质量反馈:010-62772015,zhiliang@tup.tsinghua.edu.cn
   课件下载:http://www.tup.com.cn,010-83470410
印 装 者:三河市人民印务有限公司
经 销:全国新华书店
开 本:185mm×260mm   印 张:18   字 数:427千字
版 次:2023 年 4 月第 1 版   印 次:2023 年 4 月第 1 次印刷
定 价:59.00 元(全两册)

产品编号:097515-01

CONTENTS

目　录

任务 1.1 智能制造导论

学习活动：全面了解"中国制造 2025"

 **理论知识**

（1）了解智能制造的概念。

（2）了解什么是工业 4.0。

（3）了解工业 4.0 的特点。

（4）了解"中国制造 2025"规划。

 学习过程

（1）简述智能制造概念。

（2）简述工业 4.0。

（3）简述工业 4.0 的特点。

（4）简述工业 4.0 解决方案。

（5）以小组为单位制作 PPT，展示对"中国制造 2025"的理解。

疑难问题

（1）_____

_____

_____

（2）_____

_____

_____

任务评价

1. 小组互评表

经过学习讨论,发表对"中国制造 2025"的看法,小组之间互评并提出相关建议,填在表 1-1-1 中。

表 1-1-1　小组互评表

评 价 内 容	评价分值	小组互评	成员建议
理论知识掌握情况	40		
自主学习能力	40		
参与讨论问题的表现	10		
职业素养	10		

2. 自我评价表

学生根据自己对知识的掌握情况以及课堂中的表现,在表 1-1-2 相应的位置画"√"。

表 1-1-2　自我评价表

评 价 内 容	一般	良好	优秀	自我反思
对智能制造概念的理解				
对工业 4.0 的认识				
对"中国制造 2025"的看法				

3. 教师评价表

教师对学习活动做出汇总及评价,并填在表 1-1-3 中。

表 1-1-3　教师评价表

评 价 内 容	指导教师评价
课堂中的表现	
问题的填写及发言情况	
建议	

任务 1.2　智能制造设备平台的组成和功能

学习活动 1：智能制造设备平台的组成

 理论知识

（1）学习智能制造设备平台的网络构架。

（2）学习智能制造设备平台的组成。

 学习过程

（1）画出智能制造设备平台的网络构架。

（2）简述智能制造设备平台的主要构成。

 疑难问题

（1）_____

_____

_____

（2）_____

_____

_____

任务评价

1. 小组互评表

讲解智能制造设备平台构成及网络构架,根据表 1-2-1 中的评价内容,小组之间互评并提出相关建议,填在表 1-2-1 中。

表 1-2-1　小组互评表

评 价 内 容	评价分值	小组互评	成员建议
理论知识掌握情况	40		
自主学习能力	40		
参与讨论问题的表现	10		
职业素养	10		

2. 自我评价表

学生根据自己对知识的掌握情况以及课堂中的表现,在表 1-2-2 相应的位置画"√"。

表 1-2-2　自我评价表

评 价 内 容	一般	良好	优秀	自我反思
智能制造设备平台的构成				
智能制造设备平台的网络构架				
智能制造设备平台的特点				

3. 教师评价表

教师对学习活动做出汇总及评价,并填在表 1-2-3 中。

表 1-2-3　教师评价表

评 价 内 容	指导教师评价
课堂中的表现	
问题的填写及讲解情况	
建议	

学习活动2：智能制造设备平台各模块的功能介绍

 理论知识

（1）学习总控平台在设备中的作用。

（2）了解 HSR-JR603 机器人的性能参数及作业范围。

（3）学习视觉模块的构成及运用范围。

（4）了解旋转供料模块的工作方式。

（5）了解行走轴模块的作用及规格。

（6）熟悉码垛、搬运、棋盘模块的摆放规则。

 学习过程

（1）写出 HSR-JR603 机器人的性能参数及作业范围。

（2）简述视觉模块的构成及运用范围。

（3）以小组为单位制作 PPT,介绍智能制造设备平台的构成及各模块的功能。

 疑难问题

（1）_____

_____

_____

（2）_____

_____

_____

任务评价

1. 小组互评表

PPT 展示智能制造设备平台的构成及各模块的功能,根据表 1-2-4 中的评价内容,小组之间互评并提出相关建议,填在表 1-2-4 中。

表 1-2-4　小组互评表

评 价 内 容	评价分值	小组互评	成员建议
理论知识掌握情况	40		
自主学习能力	40		
参与讨论问题的表现	10		
职业素养	10		

2. 自我评价表

学生根据自己对知识的掌握情况以及课堂中的表现,在表 1-2-5 相应的位置画"√"。

表 1-2-5　自我评价表

评 价 内 容	一般	良好	优秀	自我反思
智能制造设备组成				
各模块功能的理解				
PPT 制作效果				

3. 教师评价表

教师对学习活动做出汇总及评价,并填在表 1-2-6 中。

表 1-2-6　教师评价表

评 价 内 容	指导教师评价
课堂中的表现	
问题的填写情况及 PPT 制作效果	
建议	

任务 2.1　工业机器人基本操作

学习活动 1：工业机器人组成及系统连接

 理论知识

（1）学习工业机器人组成及系统连接。

（2）认识工业机器人控制柜。

（3）认识工业机器人示教器。

 技能训练

（1）掌握工业机器人的硬件连接。

（2）能正确地开/关设备。

（3）掌握示教器按键功能。

 学习过程

（1）华数机器人硬件部分主要包括机器人本体、机器人电气控制柜、_____、_____四大部分。

（2）机器人本体是指机器人机械系统组成,机械本体由_____、_____部分、手腕部件和本体管线包部分组成,共有 6 个电机可以驱动_____个关节的运动实现不同的运动形式。

（3）写出 HSR-JR603 机器人各参数代表的含义。

HSR：_____

JR：_____

6：_____

03：_____

（4）机器人性能参数主要包括_____、机器人运动速度和重复定位精度。

疑难问题

（1）_____
_____
_____

（2）_____
_____
_____

任务评价

1. 小组互评表

以小组为单位,展示工业机器人硬件之间的连接。根据表 2-1-1 中的评价内容,小组之间互评并提出相关建议,填在表 2-1-1 中。

表 2-1-1　小组互评表

评 价 内 容	评价分值	小组互评	成员建议
理论知识掌握情况	40		
实践操作掌握情况	40		
参与讨论问题的表现	10		
职业素养	10		

2. 自我评价表

学生根据自己对知识的掌握情况以及课堂中的表现,在表 2-1-2 相应的位置画"√"。

表 2-1-2　自我评价表

评 价 内 容	一般	良好	优秀	自我反思
掌握工业机器人组成及系统连接				
认识工业机器人控制柜、示教器				
解决问题的能力				

3. 教师评价表

教师对学习活动做出汇总及评价,并填在表 2-1-3 中。

表 2-1-3　教师评价表

评 价 内 容	指导教师评价
课堂中的表现	
问题的填写情况及操作是否规范	
建议	

学习活动 2：学习工业机器人安全知识

 理论知识

（1）工业机器人安全注意事项。

（2）学习安全操作规则。

 技能训练

（1）能牢记安全注意事项。

（2）熟练掌握安全操作规则。

 学习过程

（1）在进行机器人的安装、维修、保养时，切记要_____。注意液压、气压系统以及带电部件。即使_____，这些电路上的残余电量也很危险。

（2）简述控制柜的 4 个独立安全保护机制。

（3）在工业机器人正常关机或者停电时需要注意什么？

（4）工业机器人在使用时需要注意的事项有哪些？

疑难问题

（1）_____

_____

_____

（2）_____

_____

_____

任务评价

1. 小组互评表

以小组为单位,讨论目前工作场地中存在哪些安全隐患。根据表 2-1-4 中的评价内容,小组之间互评并提出相关建议,填在表 2-1-4 中。

表 2-1-4　小组互评表

评 价 内 容	评价分值	小组互评	成员建议
理论知识掌握情况	40		
实践操作掌握情况	40		
参与讨论问题的表现	10		
职业素养	10		

2. 自我评价表

学生根据自己对知识的掌握情况以及课堂中的表现,在表 2-1-5 相应的位置画"√"。

表 2-1-5　自我评价表

评 价 内 容	一般	良好	优秀	自我反思
注意事项的掌握情况				
安全操作规则的掌握情况				
解决问题的能力				

3. 教师评价表

教师对学习活动做出汇总及评价,并填在表 2-1-6 中。

表 2-1-6　教师评价表

评 价 内 容	指导教师评价
课堂中的表现	
问题的填写情况及操作是否规范	
建议	

学习活动 3：认识工业机器人示教器

 理论知识

（1）认识 HSpad 示教器按键和 HSpad 操作界面。

（2）学习调用主菜单及重启示教器。

（3）学习切换操作模式。

 技能训练

（1）能根据需要熟练操作示教器。

（2）能调用主菜单及重启示教器。

（3）能切换操作模式。

 学习过程

（1）写出示教器中各个按键的功能。

（2）写出 HSpad 操作界面图标的功能。

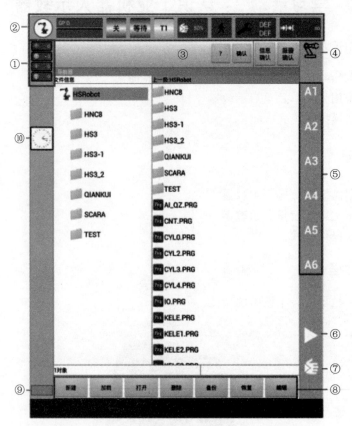

疑难问题

（1）_____
　　_____
　　_____

（2）_____
　　_____
　　_____

任务评价

1. 小组互评表

以小组为单位,操作示教器并提问,互相检查掌握情况。根据表 2-1-7 中的评价内容,小组之间互评并提出相关建议,填在表 2-1-7 中。

表 2-1-7　小组互评表

评 价 内 容	评价分值	小组互评	成员建议
理论知识掌握情况	40		
实践操作掌握情况	40		
参与讨论问题的表现	10		
职业素养	10		

2. 自我评价表

学生根据自己对知识的掌握情况以及课堂中的表现,在表 2-1-8 相应的位置画"√"。

表 2-1-8　自我评价表

评 价 内 容	一般	良好	优秀	自我反思
根据需要熟练操作示教器				
调用主菜单及重启示教器				
切换操作模式				
解决问题的能力				

3. 教师评价表

教师对学习活动做出汇总及评价,并填在表 2-1-9 中。

表 2-1-9　教师评价表

评 价 内 容	指导教师评价
课堂中的表现	
问题的填写情况及操作是否规范	
建议	

学习活动 4：工业机器人回零及软限位设置

 理论知识

（1）示教器界面操作。

（2）机器人回零点、机器人软限位的操作。

 技能训练

（1）机器人未在原点位置时，可以通过单击"修改"按钮进入修改界面，将机器人回零。

（2）能够完成华数机器人软限位设置及解除。

 学习过程

1. 机器人的回零操作

确保机器人在回零之前不会与其他物体发生碰撞干涉，并且机器人未在原点位置时，可以单击主菜单选项，单击"显示"→"变量列表"，依次单击 JR 寄存器里的 JR[0]，通过单击"修改"按钮进入修改界面。确认 JR[0]里面各个轴角度的数据依次为(0，−90，180，0，90，0)，然后按住示教器背面的安全开关，单击"关节到点"按钮即可将机器人回零，回零操作完成之后退出界面。

操作体会可写在下面的空白处。

2. 工业机器人软限位设定

（1）软限位设置需要 super 权限。在示教器菜单中，单击"投入运行"→"软件限位开关"，记录此时机器人各轴的正、负软限位数据（表 2-1-10）。

表 2-1-10　记录表 1

轴名	A1	A2	A3	A4	A5	A6
正限位						
负限位						

（2）将每个轴软限位进行减小，并记录修改后的各轴正、负软限位数据（表 2-1-11）。

表 2-1-11　记录表 2

轴名	A1	A2	A3	A4	A5	A6
正限位						
负限位						

（3）手动操作机器人，体验修改后的软限位与之前的有何不同。操作后及时将限位改回正确数值，否则可能会造成机器人损坏。

疑难问题

（1）_____

（2）_____

任务评价

1. 小组互评表

以小组为单位,操作界面图标并提问,互相检查掌握情况。根据表 2-1-12 中的评价内容,小组之间互评并提出相关建议,填在表 2-1-12 中。

表 2-1-12　小组互评表

评价内容	评价分值	小组互评	成员建议
理论知识掌握情况	40		
实践操作掌握情况	40		
参与讨论问题的表现	10		
职业素养	10		

2. 自我评价表

学生根据自己对知识的掌握情况以及课堂中的表现,在表 2-1-13 相应的位置画"√"。

表 2-1-13　自我评价表

评价内容	一般	良好	优秀	自我反思
机器人的回零				
工业机器人软限位设定				
解决问题的能力				

3. 教师评价表

教师对学习活动做出汇总及评价,并填在表 2-1-14 中。

表 2-1-14　教师评价表

评价内容	指导教师评价
课堂中的表现	
问题的填写情况及操作是否规范	
建议	

任务 2.2　工业机器人绘图编程与调试

学习活动 1：机器人坐标系的认知

理论知识

（1）理解工业机器人关节坐标系、世界坐标系、工件坐标系和工具坐标系。

（2）能根据运动方式选择坐标系。

技能训练

能根据动作要求切换机器人的坐标系。

学习过程

（1）轴坐标系：在坐标系模式中选择关节坐标系，沿着正负方向运动 $A1$～$A6$ 轴，注意正负限位，记录每个轴的运动形式，并将结果填在表 2-2-1 中。

表 2-2-1　记录表 1

轴名	$A1$	$A2$	$A3$
运动形式（正）			
运动形式（负）			
轴名	$A4$	$A5$	$A6$
运动形式（正）			
运动形式（负）			

（2）世界坐标系：在坐标系模式中选择世界坐标系，沿着 X 正负方向各移动一段距离、Y 正负方向各移动一段距离、Z 正负方向各移动一段距离，以及 A、B、C 转动，观察运动形式，并将结果填写在表 2-2-2 中。

表 2-2-2　记录表 2

方向	X	Y	Z
运动形式（正）			
运动形式（负）			
方向	A	B	C
运动形式（正）			
运动形式（负）			

（3）工具坐标系：在坐标系模式中选择默认工具坐标系（REF），沿着 X 正负方向各移动一段距离、Y 正负方向各移动一段距离、Z 正负方向各移动一段距离，以及 A、B、C 转动，观察运动形式，并将结果填写在表 2-2-3 中。

表 2-2-3   记录表 3

方　向	X	Y	Z
运动形式（正）			
运动形式（负）			
方　向	A	B	C
运动形式（正）			
运动形式（负）			

（4）工件坐标系：在坐标系模式中选择默认坐标系（DEF），沿着 X 正负方向各移动一段距离、Y 正负方向各移动一段距离、Z 正负方向各移动一段距离，以及 A、B、C 转动，观察运动形式，并将结果填写在表 2-2-4 中。

表 2-2-4   记录表 4

方　向	X	Y	Z
运动形式（正）			
运动形式（负）			
方　向	A	B	C
运动形式（正）			
运动形式（负）			

 疑难问题

（1）＿＿＿＿＿＿＿＿＿＿＿＿＿＿＿＿＿＿＿＿＿＿＿＿＿＿＿＿
＿＿＿＿＿＿＿＿＿＿＿＿＿＿＿＿＿＿＿＿＿＿＿＿＿＿＿＿＿＿＿＿＿＿＿＿
＿＿＿＿＿＿＿＿＿＿＿＿＿＿＿＿＿＿＿＿＿＿＿＿＿＿＿＿＿＿＿＿＿＿＿＿

（2）＿＿＿＿＿＿＿＿＿＿＿＿＿＿＿＿＿＿＿＿＿＿＿＿＿＿＿＿
＿＿＿＿＿＿＿＿＿＿＿＿＿＿＿＿＿＿＿＿＿＿＿＿＿＿＿＿＿＿＿＿＿＿＿＿
＿＿＿＿＿＿＿＿＿＿＿＿＿＿＿＿＿＿＿＿＿＿＿＿＿＿＿＿＿＿＿＿＿＿＿＿

任务评价

1. 小组互评表

手动操纵机器人,根据表 2-2-5 中的评价内容,小组之间互评并提出相关建议,填在表 2-2-5 中。

表 2-2-5 小组互评表

评 价 内 容	评价分值	小组互评	成员建议
理论知识掌握情况	40		
实践操作掌握情况	40		
参与讨论问题的表现	10		
职业素养	10		

2. 自我评价表

学生根据自己对知识的掌握情况以及课堂中的表现,在表 2-2-6 相应的位置画"√"。

表 2-2-6 自我评价表

评 价 内 容	一般	良好	优秀	自我反思
根据运动方式选择坐标系				
手动操纵				
解决问题的能力				

3. 教师评价表

教师对学习活动做出汇总及评价,并填在表 2-2-7 中。

表 2-2-7 教师评价表

评 价 内 容	指导教师评价
课堂中的表现	
问题的填写情况及操作是否规范	
建议	

学习活动 2：工业机器人坐标系的标定

 理论知识

（1）了解华数机器人坐标系标定的原理。

（2）了解华数机器人正确的坐标系标定方式。

（3）能够完成华数机器人工件坐标系标定。

（4）能够完成华数机器人工具坐标系标定。

 技能训练

（1）能够完成华数机器人工件坐标系标定。

（2）能够完成华数机器人工具坐标系标定。

 学习过程

（1）用四点法进行工具坐标系标定。

① 在菜单中选择"投入运行"→"测量"→"用户工具标定"。

② 选择待标定的用户工具号，可设置用户工具名称。

③ 单击"开始标定"按钮。

④ 移动到标定的参考点 1 的某点，单击"参考点 1"，获取并记录坐标。

⑤ 移动到标定的参考点 2 的某点，单击"参考点 2"，获取并记录坐标。

⑥ 移动到标定的参考点 3 的某点，单击"参考点 3"，获取并记录坐标。

⑦ 移动到标定的参考点 4 的某点，单击"参考点 4"，获取并记录坐标。

⑧ 单击"标定"按钮，确定程序，计算出标定坐标。

⑨ 单击"保存"按钮，存储工具坐标的标定值。

⑩ 切换到工具坐标系，选择标定的工具号，走 ABC 方向，则机器人工具 TCP 会绕着工件旋转。

工件标定示意如图 2-2-1 所示。

图 2-2-1　工件标定示意

　　标定一个工具坐标系工具 1,记录四点的位置数据和生成的工具坐标系的数据,标定完成后,选择工具 1,运动 X、Y、Z、A、B、C,观察运动方式,并将结果填写在表 2-2-8 中。

表 2-2-8　工具坐标系标定数据表

目　标　点	数　据
参考点 1	
参考点 2	
参考点 3	
参考点 4	
工具坐标系	
描述运动方式	

　　(2) 工件坐标标定。

　　① 在菜单中选择"投入运行"→"测量"→"用户工件标定"。

　　② 选择待标定的用户工件号,可设置用户工件名称。

　　③ 单击"开始标定"按钮。

　　④ 移动到基坐标原点,单击"原点",获取并记录原点坐标。

　　⑤ 移动到标定基坐标的 X 方向的某点,单击"X 方向",获取并记录坐标。

　　⑥ 移动到标定基坐标的 Y 方向的某点,单击"Y 方向",获取并记录坐标。

　　⑦ 单击"标定"按钮,确定程序,计算出标定坐标值。

　　⑧ 单击"保存"按钮,存储基坐标的标定值。

　　⑨ 切换到用户坐标系,选择标定的工件号,走 XYZ 方向,则会按标定的方向运动。用三点法标定一个工件坐标系 1,记录三点的位置数据和生成的工件坐标系的数据,标定完成后,选择工件坐标系 1,观察运动方式,并将结果填写在表 2-2-9 中。

表 2-2-9　工件坐标系标定数据表

目　标　点	数　据
参考点 1	
参考点 2	
参考点 3	
工件坐标系	
描述运动方式	

　　(3) 以小组为单位,用视频展示工具、工件坐标验证方法。

 ## 疑难问题

　　(1) _____

　　_____

　　_____

　　(2) _____

　　_____

　　_____

任务评价

1. 小组互评表

手动操纵机器人,根据表 2-2-10 中的评价内容,小组之间互评并提出相关建议,填在表 2-2-10 中。

表 2-2-10　小组互评表

评 价 内 容	评价分值	小组互评	成员建议
理论知识掌握情况	40		
实践操作掌握情况	40		
参与讨论问题的表现	10		
职业素养	10		

2. 自我评价表

学生根据自己对知识的掌握情况以及课堂中的表现,在表 2-2-11 相应的位置画"√"。

表 2-2-11　自我评价表

评 价 内 容	一般	良好	优秀	自我反思
创建工具坐标系				
创建工件坐标系				
解决问题的能力				

3. 教师评价表

教师对学习活动做出汇总及评价,并填在表 2-2-12 中。

表 2-2-12　教师评价表

评 价 内 容	指导教师评价
课堂中的表现	
问题的填写情况及操作是否规范	
建议	

学习活动3：工业机器人轨迹运行示教编程与调试

 理论知识

合理调用坐标系,用华数机器人在线示教编程,完成图形绘制。

 技能训练

(1)掌握华数机器人示教编程的步骤。

(2)掌握华数机器人寄存器指令。

(3)能够完成工业机器人轨迹示教的编程与调试。

 学习过程

(1)机器人搬运要求如下。

① 依次从 6→1、1→2、2→3、3→4、4→5、5→6 路径运行轨迹,轨迹如图 2-2-2 所示,在同一平面的不同位置绘制出相同的图形。

② 工作开始时从原点出发,结束时回原点。

③ 使用基本运动指令,调用不同的工件坐标系完成以下任务。

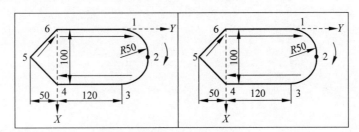

图 2-2-2　运行轨迹

(2)根据要求,自行设计程序流程图,并将其写在下面。

（3）程序编写与调试。

根据要求和流程，编写机器人程序并进行调试，完成机器人轨迹示教编程，将机器人程序加以注释记录在下面。

疑难问题

（1）_____

_____

_____

_____

_____

（2）_____

_____

_____

_____

_____

任务评价

1. 小组互评表

以小组为单位，在线编程，验证程序是否合理，工件坐标系是否成功调用，小组之间互评并提出相关建议，填在表 2-2-13 中。

表 2-2-13　小组互评表

评价内容	评价分值	小组互评	成员建议
理论知识掌握情况	40		
实践操作掌握情况	40		
参与讨论问题的表现	10		
职业素养	10		

2. 自我评价表

学生根据自己对知识的掌握情况以及课堂中的表现，在表 2-2-14 相应的位置画"√"。

表 2-2-14　自我评价表

评价内容	一般	良好	优秀	自我反思
在线编程				
调用工件坐标系				
解决问题的能力				

3. 教师评价表

教师对学习活动做出汇总及评价，并填在表 2-2-15 中。

表 2-2-15　教师评价表

评价内容	指导教师评价
课堂中的表现	
问题的填写情况及操作是否规范	
建议	

任务 2.3　工业机器人离线编程与调试

学习活动 1：华数机器人离线编程的步骤

 理论知识

离线仿真软件的基本操作和应用。

 技能训练

（1）掌握华数机器人离线编程的步骤。

（2）能够完成工业机器人写字的编程与调试。

 **学习过程**

（1）机器人模型的建立。

（2）添加机器人末端执行器。

（3）添加写字板模型。

（4）轨迹获取。

（5）轨迹调试。

（6）程序验证。

疑难问题

（1）_____

_____

_____

（2）_____

_____

_____

任务评价

1. 小组互评表

以小组为单位,检查是否完成华数机器人离线编程的步骤,小组之间互评并提出相关建议,填在表 2-3-1 中。

表 2-3-1　小组互评表

评 价 内 容	评价分值	小组互评	成员建议
理论知识掌握程度	40		
实践操作掌握程度	40		
参与讨论问题的表现	10		
职业素养	10		

2. 自我评价表

学生根据自己对知识的掌握情况以及课堂中的表现,在表 2-3-2 相应的位置画"√"。

表 2-3-2　自我评价表

评 价 内 容	一般	良好	优秀	自我反思
离线编程的步骤				
工业机器人写字的编程与调试				
解决问题的能力				

3. 教师评价表

教师对学生活动做出汇总及评价,并填在表 2-3-3 中。

表 2-3-3　教师评价表

评 价 内 容	指导教师评价
课堂中的表现	
问题的填写情况及操作是否规范	
建议	

学习活动 2：工业机器人写字的编程与调试

 **理论知识**

掌握离线编程步骤：

（1）打开软件构建完整的工作站(完整的工作站包括机器人、末端执行器、工件)。其中设定的各项参数一定要准确,任意一个参数设定错误,都可能导致离线程序生成失败。

（2）标定机器人的工具坐标(注意工具坐标号),获取工具的位姿,将其填入离线编程软件的工具位姿中。

（3）标定工件,获取工件的位姿,将其填入离线编程工件位姿标定中。

（4）以上工作就绪后,建立离线操作类型,获取笔画的轨迹。

（5）获取轨迹后,优化离线轨迹,确认无误导出离线程序。

（6）用 U 盘将导出的离线程序从计算机端导入示教器,修改工具(与标定的工具坐标号相对应)和工件的序号,验证无误即完成操作。

 技能训练

（1）熟练掌握离线编程的步骤。

（2）能导入写字模板离线程序并调试。

 学习过程

（1）机器人写字要求。

① 标定并验证工件坐标系。

② 对下面文字进行离线编程,然后通过调用工件坐标系,实现工业机器人在图板上自动绘图。

③ 从原点出发开始写字,结束后回原点。

④ 绘图时工具笔与 A4 纸垂直,不同字体轮廓间注意抬笔。

中　国

（2）根据要求，自行设计程序流程图，并将其写在下面。

（3）根据要求和流程，编写机器人程序并进行调试，完成绘图，将机器人程序加以注释记录在下面。

疑难问题

（1）＿＿＿＿＿＿＿＿＿＿＿＿＿＿＿＿＿＿＿＿＿＿＿＿＿＿＿＿＿＿＿＿＿＿＿＿＿＿
＿＿＿
＿＿＿

（2）＿＿＿＿＿＿＿＿＿＿＿＿＿＿＿＿＿＿＿＿＿＿＿＿＿＿＿＿＿＿＿＿＿＿＿＿＿＿
＿＿＿
＿＿＿

任务评价

1. 小组互评表

以小组为单位,检查是否完成华数机器人离线编程并导入,验证程序的正确性,小组之间互评并提出相关建议,填在表 2-3-4 中。

表 2-3-4　小组互评表

评 价 内 容	评价分值	小组互评	成员建议
理论知识掌握情况	40		
实践操作掌握情况	40		
参与讨论问题的表现	10		
职业素养	10		

2. 自我评价表

学生根据自己对知识的掌握情况以及课堂中的表现,在表 2-3-5 相应的位置画"√"。

表 2-3-5　自我评价表

评 价 内 容	一般	良好	优秀	自我反思
离线编程的步骤				
导入写字模板				
验证程序与调试				
解决问题的能力				

3. 教师评价表

教师对学习活动做出汇总及评价,并填在表 2-3-6 中。

表 2-3-6　教师评价表

评 价 内 容	指导教师评价
课堂中的表现	
问题的填写情况及操作是否规范	
建议	

任务 2.4 工业机器人搬运编程与调试

学习活动 1：工业机器人搬运路径规划

 理论知识

（1）学习搬运路径规划的逻辑方法。

（2）确立搬运方案。

 技能训练

根据搬运方案规划搬运路径。

 学习过程

（1）确立搬运方案（点到点搬运方案、创建工具坐标方案、创建工件坐标方案）。

（2）根据搬运方案规划搬运路径。

（3）小组间讨论搬运方案的优劣。

 疑难问题

（1）＿＿＿＿＿＿＿＿＿＿＿＿＿＿＿＿＿＿＿＿＿＿＿＿＿＿＿＿＿＿＿＿＿
＿＿＿＿＿＿＿＿＿＿＿＿＿＿＿＿＿＿＿＿＿＿＿＿＿＿＿＿＿＿＿＿＿
＿＿＿＿＿＿＿＿＿＿＿＿＿＿＿＿＿＿＿＿＿＿＿＿＿＿＿＿＿＿＿＿＿

（2）＿＿＿＿＿＿＿＿＿＿＿＿＿＿＿＿＿＿＿＿＿＿＿＿＿＿＿＿＿＿＿＿＿
＿＿＿＿＿＿＿＿＿＿＿＿＿＿＿＿＿＿＿＿＿＿＿＿＿＿＿＿＿＿＿＿＿
＿＿＿＿＿＿＿＿＿＿＿＿＿＿＿＿＿＿＿＿＿＿＿＿＿＿＿＿＿＿＿＿＿

任务评价

以小组为单位,展示搬运路径规划结果,并对存在的问题及解决方法进行交流学习。

1. 小组互评表

下载程序并调试,根据表 2-4-1 中的评价内容,小组之间互评分并提出建议填在表 2-4-1 中。

表 2-4-1   小组互评表

评 价 内 容	评价分值	小组互评	成员建议
理论知识掌握的情况	40		
实践操作掌握的情况	40		
参与讨论问题的表现	10		
职业素养	10		

2. 自我评价表

学生根据自己对知识的掌握情况以及课堂中的表现,在表 2-4-2 相应的位置画"√"。

表 2-4-2   自我评价表

评 价 内 容	一般	良好	优秀	自我反思
搬运路径的规划				
解决问题的能力				

3. 教师评价表

教师对学习活动做出汇总及评价,并填在表 2-4-3 中。

表 2-4-3   教师评价表

评 价 内 容	指导教师评价
课堂中的表现	
问题的填写情况及操作是否规范	
建议	

学习活动 2：工业机器人搬运编程与调试

 理论知识

（1）学习 IO 指令和延时指令。

（2）学习工业机器人搬运示教编程的步骤。

 技能训练

（1）能够根据现场实际，编写相应的搬运程序。

（2）能够进行现场调试。

 学习过程

（1）工业机器人 IO 信号中 DO 为_____信号，DI 为_____信号。

（2）数字量输出信号 DO[8]＝ON，是控制机器人夹具_____（置位或复位）。

（3）在 WAIT DI[1]＝ON 指令中，输入信号对应的硬件地址为_____。

（4）工具坐标系的创建采用_____点法，请根据现场实际，创建工具坐标系。

（5）工件坐标系的创建采用_____点法，请根据现场实际，结合主教材中的图 2-4-1，在下面空白处画出要创建的两个工件坐标系。

（6）手动操作时机器人的速度不能超过_____，要求点位示教精准、快速。调试时将机器人选择在_____模式下，进行现场调试，写出调试步骤。

（7）以小组为单制作视频，展示工业机器人编程调试的结果。

疑难问题

（1）_____

_____

（2）_____

_____

_____

任务评价

以小组为单位,展示编程调试的结果,并对存在的问题及解决方法进行交流、总结。

1. 小组互评表

下载程序并调试,根据表 2-4-4 中的评价内容,小组之间互评分并提出建议填在表 2-4-4 中。

表 2-4-4   小组互评表

评 价 内 容	评价分值	小组互评	成员建议
理论知识掌握的情况	40		
实践操作掌握的情况	40		
参与讨论问题的表现	10		
职业素养	10		

2. 自我评价表

学生根据自己对知识的掌握情况以及课堂中的表现,在表 2-4-5 相应的位置画"√"。

表 2-4-5   自我评价表

评 价 内 容	一般	良好	优秀	自我反思
搬运程序的编写				
搬运程序的测试				
解决问题的能力				

3. 教师评价表

教师对学习活动做出汇总及评价,并填在表 2-4-6 中。

表 2-4-6   教师评价表

评 价 内 容	指导教师评价
课堂中的表现	
问题的填写情况及操作是否规范	
建议	

任务 2.5　工业机器人码垛编程与调试

学习活动 1：工业机器人码垛编程与调试——循环指令的应用

 理论知识

（1）学习循环指令。

（2）运用循环指令编写码垛程序。

 技能训练

高效调试码垛程序。

 **学习过程**

（1）WHILE 循环指令根据条件表达式判断循环是否结束，条件为_____时，持续循环；条件为_____时，退出循环体。以下程序段中，循环将进行_____次。

```
R[1] = 0' 设置 R[1]的初始值为 0
WHILE R[1]< 5
J P[1] VEL = 50
J P[2] VEL = 50
R[1] = R[1] + 1
END WHILE
    ...
```

（2）FOR R[2]＝1 TO 5 BY 1…END FOR，该 FOR 循环指令定义一个变量为_____，初始值为_____，最终值为_____，步进值为_____，将循环_____次。

（3）规划出码垛路径。

（4）运用基本运动指令、WHILE 或 FOR 循环指令编写码垛程序。

(5) 写出任务中用循环指令编程的优越性。

(6) 点位示教,程序调试,并写出调试步骤。

 **疑难问题**

(1) _____

_____

_____

(2) _____

_____

_____

任务评价

以小组为单位,展示码垛程序,并对存在的问题及解决方法进行交流学习。

1. 小组互评表

下载程序并调试,根据表 2-5-1 中的评价内容,小组之间互评分并提出建议填在表 2-5-1 中。

表 2-5-1　小组互评表

评 价 内 容	评价分值	小组互评	成员建议
理论知识掌握的情况	40		
实践操作掌握的情况	40		
参与讨论问题的表现	10		
职业素养	10		

2. 自我评价表

学生根据自己对知识的掌握情况以及课堂中的表现,在表 2-5-2 相应的位置画"√"。

表 2-5-2　自我评价表

评 价 内 容	一般	良好	优秀	自我反思
程序的编写				
程序的测试				
解决问题的能力				

3. 教师评价表

教师对学习活动做出汇总及评价,并填在表 2-5-3 中。

表 2-5-3　教师评价表

评 价 内 容	指导教师评价
课堂中的表现	
问题的填写情况及操作是否规范	
建议	

学习活动 2：工业机器人码垛编程与调试——
IF...,GOTO LBL□指令的应用

 理论知识

（1）学习 IF...,GOTO LBL[]指令。

（2）运用 IF...,GOTO LBL[]指令编写码垛程序。

 技能训练

高效调试码垛程序。

 学习过程

（1）IF DI[2]＝ON,GOTO LBL[1]中,满足条件为_____时,程序跳转到_____处。根据要求编写程序段：①满足条件 m＜6 时,机器人走一条直线轨迹；②满足条件 DI[4]＝ON 时,程序跳转到标签 3 处。

（2）IF...,CALL[],当条件成立时,调用 CALL 部分的_____；条件不成立时,则顺序执行下面的程序块。根据要求编写程序段：满足条件 DI[4]＝ON 时,调用子程序 banyun,banyun 子程序的任务为搬运一块黄色正方体物料到码垛摆放位置。

（3）运用基本运动指令、IF...,GOTO LBL[]指令编写码垛程序。

（4）简述循环指令和条件指令的区别。

（5）点位示教,程序调试,并写出调试步骤。

 疑难问题

（1）_____

　　_____

　　_____

（2）_____

　　_____

　　_____

任务评价

以小组为单位,展示码垛程序,并对存在的问题及解决方法进行交流学习。

1. 小组互评表

下载程序并调试,根据表 2-5-4 中的评价内容,小组之间互评分并提出建议填在表 2-5-4 中。

表 2-5-4　小组互评表

评 价 内 容	评价分值	小组互评	成员建议
理论知识掌握的情况	40		
实践操作掌握的情况	40		
参与讨论问题的表现	10		
职业素养	10		

2. 自我评价表

学生根据自己对知识的掌握情况以及课堂中的表现,在表 2-5-5 相应的位置画"√"。

表 2-5-5　自我评价表

评 价 内 容	一般	良好	优秀	自我反思
程序的编写				
程序的测试				
解决问题的能力				

3. 教师评价表

教师对学习活动做出汇总及评价,并填在表 2-5-6 中。

表 2-5-6　教师评价表

评 价 内 容	指导教师评价
课堂中的表现	
问题的填写情况及操作是否规范	
建议	

任务 2.6 工业机器人快换夹具编程与调试

学习活动 1：绘制快换夹具程序流程图

 理论知识

掌握流程图绘制方法。

 技能训练

绘制快换夹具程序流程图。

 学习过程

(1) 请描述 CALL 指令和 IF...,CALL[]指令的应用。

(2) 结合快换夹具任务,采用调用子程序的思路,绘制程序流程图。

(3) 本次任务中你学习到了哪些知识? 还存在哪些问题? 以后怎么解决?

疑难问题

(1) _____

_____

_____

(2) _____

_____

_____

任务评价

以小组为单位,展示编程调试的结果,并对存在的问题及解决方法进行交流、总结。

1. 小组互评表

根据表 2-6-1 中的评价内容,小组之间互评分并提出建议填在表 2-6-1 中。

表 2-6-1　小组互评表

评价内容	评价分值	小组互评	成员建议
理论知识掌握的情况	40		
程序流程图掌握的情况	40		
参与讨论问题的表现	10		
职业素养	10		

2. 自我评价表

学生根据自己对知识的掌握情况以及课堂中的表现,在表 2-6-2 相应的位置画"√"。

表 2-6-2　自我评价表

评价内容	一般	良好	优秀	自我反思
程序流程图的编写				
解决问题的能力				

3. 教师评价表

教师对学习活动做出汇总及评价,并填在表 2-6-3 中。

表 2-6-3　教师评价表

评价内容	指导教师评价
课堂中的表现	
问题的填写情况及操作是否规范	
建议	

学习活动 2：工业机器人快换夹具编程与调试

 理论知识

学习工业机器人快换夹具示教器编程的步骤。

 技能训练

（1）能够根据现场实际，编写相应的快换夹具程序。

（2）能够进行现场调试。

 学习过程

（1）规划快换夹具工作路径。

（2）根据要求和流程，运用调用子程序的方法编写机器人程序，并进行调试，完成机器人快换夹具任务，并将机器人程序加以注释记录在下面。

（3）在本次任务中你学习到了什么，有什么心得与体会？

（4）以小组为单位制作 PPT，经过调试、总结、交流，展示自己的编程方法。

 疑难问题

（1）＿＿＿＿＿＿＿＿＿＿＿＿＿＿＿＿＿＿＿＿＿＿＿＿＿＿＿＿＿＿＿＿＿＿＿＿
＿＿＿＿＿＿＿＿＿＿＿＿＿＿＿＿＿＿＿＿＿＿＿＿＿＿＿＿＿＿＿＿＿＿＿＿＿＿
＿＿＿＿＿＿＿＿＿＿＿＿＿＿＿＿＿＿＿＿＿＿＿＿＿＿＿＿＿＿＿＿＿＿＿＿＿＿

（2）＿＿＿＿＿＿＿＿＿＿＿＿＿＿＿＿＿＿＿＿＿＿＿＿＿＿＿＿＿＿＿＿＿＿＿＿
＿＿＿＿＿＿＿＿＿＿＿＿＿＿＿＿＿＿＿＿＿＿＿＿＿＿＿＿＿＿＿＿＿＿＿＿＿＿
＿＿＿＿＿＿＿＿＿＿＿＿＿＿＿＿＿＿＿＿＿＿＿＿＿＿＿＿＿＿＿＿＿＿＿＿＿＿

任务评价

以小组为单位,展示编程调试的结果,并对存在的问题以及解决问题的方法进行探讨交流。

1. 小组互评表

下载程序并调试,根据表 2-6-4 中的评价内容,小组之间互评分并提出建议填在表 2-6-4 中。

表 2-6-4　小组互评表

评 价 内 容	评价分值	小组互评	成员建议
理论知识掌握的情况	40		
实践操作掌握的情况	40		
参与讨论问题的表现	10		
职业素养	10		

2. 自我评价表

学生根据自己对知识的掌握情况以及课堂中的表现,在表 2-6-5 相应的位置画"√"。

表 2-6-5　自我评价表

评 价 内 容	一般	良好	优秀	自我反思
程序的编写				
程序的测试				
解决问题的能力				

3. 教师评价表

教师对学习活动做出汇总及评价,并填在表 2-6-6 中。

表 2-6-6　教师评价表

评 价 内 容	指导教师评价
课堂中的表现	
问题的填写情况及操作是否规范	
建议	

任务 2.7　工业机器人电机装配编程与调试

学习活动 1：电机装配模块变位机的控制

 理论知识

(1) 掌握华数机器人变位机的使用方法。

(2) 掌握变位机控制方法。

 技能训练

能够熟练控制变位机到达任意角度。

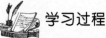 **学习过程**

(1) 请描述学过的华数机器人指令有哪些？

(2) 请描述如何控制变位机模块的旋转角度。

 疑难问题

(1) _____

_____

_____

(2) _____

_____

_____

任务评价

以小组为单位,展示变位机的控制结果,并对存在的问题及解决方法进行交流学习。

1. 小组互评表

根据表 2-7-1 中的评价内容,小组之间互评分并提出建议填在表 2-7-1 中。

表 2-7-1　小组互评表

评 价 内 容	评价分值	小组互评	成员建议
理论知识掌握的情况	40		
实践操作掌握的情况	40		
参与讨论问题的表现	10		
职业素养	10		

2. 自我评价表

学生根据自己对知识的掌握情况以及课堂表现,在表 2-7-2 相应的位置画"√"。

表 2-7-2　自我评价表

评 价 内 容	一般	良好	优秀	自我反思
变位机的控制				
解决问题的能力				

3. 教师评价表

教师对学习活动做出汇总及评价,并填在表 2-7-3 中。

表 2-7-3　教师评价表

评 价 内 容	指导教师评价
课堂中的表现	
问题的填写情况及操作是否规范	
建议	

学习活动 2：工业机器人电机装配编程与调试

 理论知识

掌握华数机器人指令的综合应用。

 技能训练

(1) 能够根据现场实际,编写相应的装配程序。

(2) 能够根据要求进行现场调试。

 学习过程

(1) 机器人变位机模块通过附加轴_____进行控制。

(2) 根据任务要求和流程,综合多种指令编写机器人程序,并进行调试,完成机器人电机装配,并将机器人程序加以注释。

(3) 在本次任务中,你学习到了什么? 有什么心得与体会?

(4) 经过交流、讨论、总结,写出优化后的电机装配程序。

 疑难问题

(1) _____

_____

_____

(2) _____

_____

_____

任务评价

以小组为单位,展示编程调试的结果,并对存在的问题以及解决问题的方法进行探讨交流。

1. 小组互评表

下载程序并调试,根据表 2-7-4 中的评价内容,小组之间互评分并提出建议填在表 2-7-4 中。

表 2-7-4　小组互评表

评价内容	评价分值	小组互评	成员建议
理论知识掌握的情况	40		
实践操作掌握的情况	40		
参与讨论问题的表现	10		
职业素养	10		

2. 自我评价表

学生根据自己对知识的掌握情况以及课堂表现,在表 2-7-5 相应的位置画"√"。

表 2-7-5　自我评价表

评价内容	一般	良好	优秀	自我反思
程序的编写				
程序的测试				
解决问题的能力				

3. 教师评价表

教师对学习活动做出汇总及评价,并填在表 2-7-6 中。

表 2-7-6　教师评价表

评价内容	指导教师评价
课堂中的表现	
问题的填写情况及操作是否规范	
建议	

任务 3.1　视觉系统介绍

学习活动 1：认识和安装机器视觉系统的硬件

 理论知识

（1）学习视觉系统的概念。

（2）学习视觉系统基本硬件的组成。

 技能训练

认识并能正确安装视觉系统的硬件。

 学习过程

（1）机器视觉就是利用机器代替人眼对被测物进行＿＿＿＿＿＿＿和＿＿＿＿＿＿＿，通过机器视觉使被测物品转换成＿＿＿＿＿＿＿，并将此信号传送给专用的图像处理系统，根据像素分布、颜色、形状等信息，将此信息转换成＿＿＿＿＿＿＿并进行处理，进而根据处理结果控制现场的设备执行相应的动作。

（2）机器视觉系统的硬件组成是什么？

（3）简述视觉硬件系统的安装步骤。

疑难问题

（1）＿＿＿

＿＿＿

＿＿＿

（2）＿＿＿

＿＿＿

＿＿＿

 **任务评价**

1. 小组互评表

测试视觉系统硬件组成及搭建,根据表 3-1-1 中的评价内容,小组之间互评分并提出建议填在表 3-1-1 中。

表 3-1-1 小组互评表

评 价 内 容	评价分值	小组互评	成员建议
理论知识掌握的情况	40		
实践操作掌握的情况	40		
参与讨论问题的表现	10		
职业素养	10		

2. 自我评价表

学生根据自己对知识的掌握情况以及课堂中的表现,在表 3-1-2 相应的位置画"√"。

表 3-1-2 自我评价表

评 价 内 容	一般	良好	优秀	自我反思
视觉系统概念				
视觉系统硬件组成				
视觉系统硬件搭建				
解决问题能力				

3. 教师评价表

教师对学习活动做出汇总及评价,并填在表 3-1-3 中。

表 3-1-3 教师评价表

评 价 内 容	指导教师评价
课堂中的表现	
问题的填写情况及操作是否规范	
建议	

学习活动 2：学会机器视觉系统软件的安装

 理论知识

（1）学习机器视觉系统软件的安装过程。

（2）学习机器视觉系统软件的功能。

 技能训练

（1）安装机器视觉软件 VisionMaster。

（2）熟练操作机器视觉软件 VisionMaster。

 学习过程

（1）视觉系统的软件主界面包含哪些？

（2）VisionMaster 的安装步骤是什么？

（3）VisionMaster 的安装补丁有哪些？

 疑难问题

（1）_____

_____

_____

（2）_____

_____

_____

任务评价

1. 小组互评表

测试视觉系统软件安装及软件的操作,根据表 3-1-4 中的评价内容,小组之间互评分并提出建议填在表 3-1-4 中。

表 3-1-4 小组互评表

评 价 内 容	评价分值	小组互评	成员建议
理论知识掌握的情况	40		
实践操作掌握的情况	40		
参与讨论问题的表现	10		
职业素养	10		

2. 自我评价表

学生根据自己对知识的掌握情况以及课堂中的表现,在表 3-1-5 相应的位置画"√"。

表 3-1-5 自我评价表

评 价 内 容	一般	良好	优秀	自我反思
视觉软件安装步骤				
视觉软件主界面				
视觉软件工具栏				
解决问题的能力				

3. 教师评价表

教师对学习活动做出汇总及评价,并填在表 3-1-6 中。

表 3-1-6 教师评价表

评 价 内 容	指导教师评价
课堂中的表现	
问题的填写情况及操作是否规范	
建议	

任务 3.2　机器视觉系统九点标定

学习活动 1：创建机器视觉系统相机九点标定流程

 理论知识

（1）学习机器视觉系统相机九点标定所需模块。

（2）学习机器视觉系统相机九点标定参数的设置。

 技能训练

应用视觉系统软件创建九点标定流程。

 学习过程

（1）VisionMaster 创建九点标定需要的三个模块是_____、_____ 和 _____。

（2）高精度特征匹配属于_____模块。

（3）在相机图像中，触发源分别是_____、_____ 和 _____。

（4）什么是定位？

（5）什么是标定？

（6）在 N 点标定中，相机模式有几种，分别是什么？

（7）以小组为单位制作视频，展示相机九点标定的流程步骤。

疑难问题

（1）_____

_____

_____

（2）_____

_____

_____

任务评价

1. 小组互评表

测试视觉系统相机九点标定过程,根据表 3-2-1 中的评价内容,小组之间互评分并提出建议填在表 3-2-1 中。

表 3-2-1 小组互评表

评 价 内 容	评价分值	小组互评	成员建议
理论知识掌握的情况	40		
实践操作掌握的情况	40		
参与讨论问题的表现	10		
职业素养	10		

2. 自我评价表

学生根据自己对知识的掌握情况以及课堂中的表现,在表 3-2-2 相应的位置画"√"。

表 3-2-2 自我评价表

评 价 内 容	一般	良好	优秀	自我反思
视觉软件安装步骤				
视觉软件主界面				
视觉软件工具栏				
解决问题的能力				

3. 教师评价表

教师对学习活动做出汇总及评价,并填在表 3-2-3 中。

表 3-2-3 教师评价表

评 价 内 容	指导教师评价
课堂中的表现	
问题的填写情况及操作是否规范	
建议	

学习活动 2：生成机器视觉系统九点标定文件

 理论知识

（1）学习如何读取九点标定的物理坐标 X 和 Y。

（2）学习机器视觉系统九点标定文件生成的过程。

 技能训练

应用机器人获取九点物理坐标，并生成标定文件。

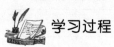 **学习过程**

（1）装夹机器人标定笔的步骤？

（2）机器人九点标定物理坐标的获取？

（3）九点标定文件如何生成？

 疑难问题

（1）_____

_____

_____

（2）_____

_____

_____

任务评价

1. 小组互评表

测试视觉系统九点标定文件生成的过程,根据表 3-2-4 中的评价内容,小组之间互评分并提出建议填在表 3-2-4 中。

表 3-2-4　小组互评表

评 价 内 容	评价分值	小组互评	成员建议
理论知识掌握的情况	40		
实践操作掌握的情况	40		
参与讨论问题的表现	10		
职业素养	10		

2. 自我评价表

学生根据自己对知识的掌握情况以及课堂中的表现,在表 3-2-5 相应的位置画"√"。

表 3-2-5　自我评价表

评价内容	一般	良好	优秀	自我反思
九点标定物理坐标 X 和 Y 的读取				
九点标定文件生成				
解决问题的能力				

3. 教师评价表

教师对学习活动做出汇总及评价,并填在表 3-2-6 中。

表 3-2-6　教师评价表

评 价 内 容	指导教师评价
课堂中的表现	
问题的填写情况及操作是否规范	
建议	

任务 3.3　电机组件缺陷检测

学习活动 1：创建电机组件缺陷检测视觉流程图

 理论知识

（1）学习电机组件缺陷检测需要的视觉模块。
（2）学习电机组件视觉流程图创建过程。

 技能训练

应用视觉系统软件创建电机缺陷检测视觉流程图。

 学习过程

（1）绘制出电机组件缺陷检测视觉流程图。

（2）以小组为单位制作 PPT，展示电机组件缺陷检测视觉创建过程。

 疑难问题

（1）_____

_____

（2）_____

_____

_____

任务评价

1. 小组互评表

测试电机组件缺陷检测视觉流程图搭建过程,根据表 3-3-1 中的评价内容,小组之间互评分并提出建议填在表 3-3-1 中。

表 3-3-1　小组互评表

评 价 内 容	评价分值	小组互评	成员建议
理论知识掌握的情况	40		
实践操作掌握的情况	40		
参与讨论问题的表现	10		
职业素养	10		

2. 自我评价表

学生根据自己对知识的掌握情况以及课堂中的表现,在表 3-3-2 相应的位置画"√"。

表 3-3-2　自我评价表

评 价 内 容	一般	良好	优秀	自我反思
电机组件缺陷检测任务分析				
电机组件缺陷检测所需模块				
电机组件缺陷检测流程图绘制				
电机组件缺陷检测流程图测试				

3. 教师评价表

教师对学习活动做出汇总及评价,并填在表 3-3-3 中。

表 3-3-3　教师评价表

评 价 内 容	指导教师评价
课堂中的表现	
问题的填写情况及操作是否规范	
建议	

学习活动 2：机器视觉系统通信的建立

 理论知识

学习视觉流程所需的通信模块。

 技能训练

应用相机与机器人建立通信。

 **学习过程**

(1) 将法兰摆放在输送线末端视觉镜头下方,利用视觉软件,进行模板创建与参数配置,实现通过机器人触发相机拍照,获取法兰的角度和颜色数据信息。

(2) 以小组为单位制作视频,展示机器视觉系统通信的建立。

 疑难问题

(1) _____

_____

_____

(2) _____

_____

_____

任务评价

1. 小组互评表

测试机器视觉系统通信建立过程,根据表 3-3-4 中的评价内容,小组之间互评分并提出建议填在表 3-3-4 中。

表 3-3-4　小组互评表

评 价 内 容	评价分值	小组互评	成员建议
理论知识掌握的情况	40		
实践操作掌握的情况	40		
参与讨论问题的表现	10		
职业素养	10		

2. 自我评价表

学生根据自己对知识的掌握情况以及课堂中的表现,在表 3-3-5 相应的位置画"√"。

表 3-3-5　自我评价表

评 价 内 容	一般	良好	优秀	自我反思
建立视觉流程图				
利用视觉软件进行模板设置				
获取法兰颜色信息				
获取法兰角度信息				
建立机器人与视觉之间的通信				

3. 教师评价表

教师对学习活动做出汇总及评价,并填在表 3-3-6 中。

表 3-3-6　教师评价表

评 价 内 容	指导教师评价
课堂中的表现	
问题的填写情况及操作是否规范	
建议	

任务 4.1　西门子博途软件的基本操作

学习活动 1：智能控制系统硬件组态

 理论知识

（1）学习 S7-1200 PLC 的基本构成。

（2）学习西门子博途软件 V15.1 的安装。

 技能训练

（1）能对智能制造系统与集成进行所需的硬件组态。

（2）正确下载和上载程序文件。

 **学习过程**

（1）CPU 将＿＿＿＿、＿＿＿＿、＿＿＿＿、＿＿＿＿、高速运动控制 I/O 以及板载模拟量输入组合到一个设计紧凑的外壳中形成功能强大的控制器。

（2）CPU 根据用户程序监视输入并更改输出，用户程序可以包含＿＿＿＿、＿＿＿＿、＿＿＿＿、＿＿＿＿以及与其他智能设备的通信。

（3）CPU 设备组成如下。

① ＿＿＿＿＿＿＿＿＿＿＿＿＿＿＿＿＿＿＿＿＿＿＿＿＿＿＿＿＿＿＿＿＿＿＿＿＿。

② ＿＿＿＿＿＿＿＿＿＿＿＿＿＿＿＿＿＿＿＿＿＿＿＿＿＿＿＿＿＿＿＿＿＿＿＿＿。

③ ＿＿＿＿＿＿＿＿＿＿＿＿＿＿＿＿＿＿＿＿＿＿＿＿＿＿＿＿＿＿＿＿＿＿＿＿＿。

④ ＿＿＿＿＿＿＿＿＿＿＿＿＿＿＿＿＿＿＿＿＿＿＿＿＿＿＿＿＿＿＿＿＿＿＿＿＿。

⑤ ＿＿＿＿＿＿＿＿＿＿＿＿＿＿＿＿＿＿＿＿＿＿＿＿＿＿＿＿＿＿＿＿＿＿＿＿＿。

（4）S7-1200 PLC 提供了各种模块和插入式板，用于通过附加 I/O 或其他通信协议来扩展 CPU 的功能。

① CM ＿＿＿＿＿＿、CP ＿＿＿＿＿＿或 TS ＿＿＿＿＿＿。

② CPU。

③ 信号板。

（5）系统将自动安装补丁，安装完成后，提示重启计算机完成安装，按照提示操作即可，计算机重启完成后，关闭 Windows ＿＿＿＿＿＿，关闭所有＿＿＿＿＿＿；关闭所有正在运行的＿＿＿＿＿＿。

（6）安装博途软件 TIA Portal V15.1 步骤：＿＿＿＿＿＿，＿＿＿＿＿＿，＿＿＿＿＿＿，＿＿＿＿＿＿。

（7）安装博途软件 TIA Portal V15.1 时多次提示重启计算机如何处理。

（8）请将对应的设备按类型分配好设备名称和 IP 地址并填到表 4-1-1 中。

表 4-1-1　分配设备名称和 IP 地址

设 备 类 型	分配 PROFIET 设备名称		分配 IP 地址	
	A 型	B 型	A 型	B 型
S7-1200				
TP700 Comfort				
ET200SP				
SIMATIC RFID				

（9）描述下载 PLC 程序的步骤。

（10）软件安装后进行硬件组态并下载程序文件，同时将硬件组态和程序文件下载记录在表 4-1-2 中。

表 4-1-2　硬件组态结果

序号	动　作	完成情况	备注
1	软件安装		
2	硬件组态		
3	PLC 下载		
4	HMI 下载		
5	PLC 监控		
6	HMI 监控		
7	ET200SP 监控		
8	SIMATIC RFID 监控		

疑难问题

（1）_____

（2）_____

任务评价

1. 小组互评表

在线测试智能控制系统硬件组态,根据表 4-1-3 中的评价内容,小组之间互评分并提出建议填在表 4-1-3 中。

表 4-1-3　小组互评表

评 价 内 容	评价分值	小组互评	成员建议
理论知识掌握的情况	40		
实践操作掌握的情况	40		
参与讨论问题的表现	10		
职业素养	10		

2. 自我评价表

学生根据自己对知识的掌握情况以及课堂中的表现,在表 4-1-4 相应的位置画"√"。

表 4-1-4　自我评价表

评 价 内 容	一般	良好	优秀	自我反思
硬件组态设计				
硬件组态测试				
解决问题的能力				

3. 教师评价表

教师对学习活动做出汇总及评价,并填在表 4-1-5 中。

表 4-1-5　教师评价表

评 价 内 容	指导教师评价
课堂中的表现	
问题的填写情况及操作是否规范	
建议	

学习活动 2：HMI 监控传感器和气缸

 理论知识

(1) 学习西门子博途软件 V15.1 硬件组态。

(2) 学习 PLC 和 HMI 编程方法。

 技能训练

(1) 输入 PLC 变量表。

(2) 制作触摸屏界面监控传感器。

(3) 制作触摸屏界面监控气缸。

 **学习过程**

(1) 如何正确检测系统设备的传感器信号？

(2) 如何控制系统设备的气缸？

(3) 收集传感器和气缸控制的 IO 变量,完成 PLC 变量表设计,并写在下方。

（4）设计 HMI 界面，一个主界面和一个硬件检测界面，编写硬件检测界面实现通过 HMI 采集传感器信号和控制气缸。

（5）设计并下载 PLC 和触摸屏程序，通过触摸屏实现采集传感器信号和控制气缸，并将调试结果记录在表 4-1-6。

表 4-1-6   硬件检测结果

序号	动 作	完成情况	备注
1	硬件组态		
2	PLC 变量表		
3	HMI 界面制作		
4	采集传感器信号		
5	控制气缸		

 疑难问题

（1）_____

_____

_____

（2）_____

_____

_____

任务评价

1. 小组互评表

在线测试用 HMI 监控传感器和气缸,根据表 4-1-7 中的评价内容,小组之间互评分并提出建议填在表 4-1-7 中。

表 4-1-7　小组互评表

评 价 内 容	评价分值	小组互评	成员建议
理论知识掌握的情况	40		
实践操作掌握的情况	40		
参与讨论问题的表现	10		
职业素养	10		

2. 自我评价表

学生根据自己对知识的掌握情况以及课堂中的表现,在表 4-1-8 相应的位置画"√"。

表 4-1-8　自我评价表

评 价 内 容	一般	良好	优秀	自我反思
硬件检测界面设计				
硬件检测界面测试				
解决问题的能力				

3. 教师评价表

教师对学习活动做出汇总及评价,并填在表 4-1-9 中。

表 4-1-9　教师评价表

评 价 内 容	指导教师评价
课堂中的表现	
问题的填写情况及操作是否规范	
建议	

任务 4.2　井式供料及输送控制

学习活动 1：手动控制井式供料和输送模块

 理论知识

(1) 学习井式供料和输送模块的组成。

(2) 学习 PLC 程序的结构。

(3) 学习 PLC 常用的基本指令。

 技能训练

(1) 正确创建和使用 FB 块和 FC 块。

(2) 正确设计输送皮带加/减速度控制的 PLC 程序。

(3) 正确设计手动控制井式供料上料和启动/停止输送带的 PLC 程序。

(4) 能通过 HMI 手动控制气缸伸出缩回和输送皮带的启动/停止。

(5) 能通过 HMI 正确设置输送皮带加/减速度并正确显示。

 **学习过程**

(1) S7-1200 PLC 常用的块有_____、_____、_____和_____。

(2) 编写手动控制井式供料上料、启动/停止输送带,皮带输送速度设定的 PLC 程序,并写在下方。

（3）编写 HMI 界面。

编写触摸屏界面，手动实现通过 HMI 控制井式供料上料、启动/停止输送带，皮带输送速度设定，将编写的 HMI 界面写在下方，并指明对应关联的 PLC 变量。

（4）下载并调试 PLC。

编写并下载 PLC 和触摸屏程序，通过触摸屏手动控制井式供料及输送模块，并将调试结果记录在表 4-2-1。

表 4-2-1　井式供料及输送模块手动调试结果

序号	动　作	完成情况	备注
1	气缸伸出		
2	气缸缩回		
3	皮带启动		
4	皮带停止		
5	速度＋		
6	速度－		
7	当前速度显示		

疑难问题

（1）_____

_____

_____

（2）_____

_____

_____

任务评价

1. 小组互评表

在线测试手动控制井式供料及输送模块程序,根据表 4-2-2 中的评价内容,小组之间互评分并提出建议填在表 4-2-2 中。

表 4-2-2   小组互评表

评 价 内 容	评价分值	小组互评	成员建议
理论知识掌握的情况	40		
实践操作掌握的情况	40		
参与讨论问题的表现	10		
职业素养	10		

2. 自我评价表

学生根据自己对知识的掌握情况以及课堂中的表现,在表 4-2-3 相应的位置画"√"。

表 4-2-3   自我评价表

评 价 内 容	一般	良好	优秀	自我反思
井式供料程序的编写				
井式供料程序的测试				
输送皮带速度的设置				
输送皮带启动和停止				
解决问题的能力				

3. 教师评价表

教师对学习情况做出汇总及评价,并填在表 4-2-4 中。

表 4-2-4   教师评价表

评 价 内 容	指导教师评价
课堂中的表现	
问题的填写情况及操作是否规范	
建议	

学习活动 2：自动运行控制井式供料及输送模块

 理论知识

（1）掌握 PLC 程序设计过程中的状态转移条件。

（2）学习 PLC 编程方法。

 技能训练

（1）设计井式供料及输送模块的自动运行 PLC 程序并调试。

（2）制作触摸屏界面，模拟发自动运行指令。

 学习过程

（1）设计自动运行控制井式供料及皮带输送模块的 PLC 程序，并写在下方。

（2）编写 HMI 界面。

编写触摸屏界面，实现通过 HMI 模拟控制井式供料及皮带输送模块自动控制程序，将编写的 HMI 界面写在下方，并指明对应关联的 PLC 变量。

（3）下载并调试 PLC。

下载 PLC 和触摸屏程序，通过触摸屏模拟实现对井式供料及输送模块自动运行控制，并将调试结果记录表 4-2-5。

表 4-2-5   自动控制井式供料及输送模块运行

序号	动　作	完成情况	备注
1	回零		
2	启动		
3	气缸推料		
4	有工件推出时皮带启动		
5	工件到达末端后皮带停止		
6	气缸推料后缩回		

疑难问题

（1）＿＿＿＿＿＿＿＿＿＿＿＿＿＿＿＿＿＿＿＿＿＿＿＿＿＿＿＿＿＿＿＿＿＿＿＿＿＿＿

＿＿＿

＿＿＿

＿＿＿

＿＿＿

（2）＿＿＿＿＿＿＿＿＿＿＿＿＿＿＿＿＿＿＿＿＿＿＿＿＿＿＿＿＿＿＿＿＿＿＿＿＿＿＿

＿＿＿

＿＿＿

＿＿＿

＿＿＿

任务评价

1. 小组互评表

在线测试自动运行井式供料及输送模块控制程序,根据表 4-2-6 中的评价内容,小组之间互评分并提出建议填在表 4-2-6 中。

表 4-2-6　小组互评表

评 价 内 容	评价分值	小组互评	成员建议
理论知识掌握的情况	40		
实践操作掌握的情况	40		
参与讨论问题的表现	10		
职业素养	10		

2. 自我评价表

学生根据自己对知识的掌握情况以及课堂中的表现,在表 4-2-7 相应的位置画"√"。

表 4-2-7　自我评价表

评 价 内 容	一般	良好	优秀	自我反思
供料程序的编写与测试				
输送皮带的编写与测试				
解决问题的能力				

3. 教师评价表

教师对学习活动做出汇总及评价,并填在表 4-2-8 中。

表 4-2-8　教师评价表

评 价 内 容	指导教师评价
课堂中的表现	
问题的填写情况及操作是否规范	
建议	

任务 4.3　称重模块数据显示

学习活动 1：编写 PLC 程序和 HMI 界面
正确采集工件质量

理论知识

（1）掌握称重模块的工作原理和调零方法。

（2）掌握称重质量的求解算法。

技能训练

（1）正确设计称重模块采集工件质量的 PLC 程序。

（2）正确制作触摸屏界面显示称重结果。

学习过程

（1）称重传感器感应范围为 _____ g，超负载可导致重力传感器不可恢复损坏。

（2）称重传感器感应值由 _____ 接收并显示在 _____ 上，当无负载显示数值不是 0 时，需要校准零点。

（3）拿走称重台上的杂物，正常情况下重量显示应为 _____。若不为 0，使用一把小一字螺丝刀手动微调称重模块侧面的 _____ 旋钮，直到 HMI 上的值变为 0。

（4）写出称重模块采集工件质量的算法，根据称重算法设计 PLC 控制程序，并写在下方。

（5）编写 HMI 界面。

编写界面实现通过 HMI 正确显示称重工件质量,将编写的 HMI 界面写在下方,并指明对应关联的 PLC 变量。

（6）下载并调试 PLC。

编写并下载 PLC 和触摸屏程序,通过触摸屏显示称重工件质量,并将调试结果记录在表 4-3-1 中。

表 4-3-1　工件质量称重记录

序号	动　作	完成情况	备注
1	电机端盖质量		
2	电机转子质量		
3	电机外壳质量		
4	法兰质量		
5	减速器质量		
6	关节外壳质量		
7	成品电机质量		
8	成品关节质量		

疑难问题

（1）

（2）

任务评价

1. 小组互评表

在线测试正确采集工件质量的 PLC 程序和 HMI 界面,根据表 4-3-2 中的评价内容,小组之间互评分并提出建议填在表 4-3-2 中。

表 4-3-2　小组互评表

评 价 内 容	评价分值	小组互评	成员建议
理论知识掌握的情况	40		
实践操作掌握的情况	40		
参与讨论问题的表现	10		
职业素养	10		

2. 自我评价表

学生根据自己对知识的掌握情况以及课堂中的表现,在表 4-3-3 相应的位置画"√"。

表 4-3-3　自我评价表

评 价 内 容	一般	良好	优秀	自我反思
采集工件质量程序的编写				
采集工件质量程序的测试				
解决问题的能力				

3. 教师评价表

教师对学习活动做出汇总及评价,并填在表 4-3-4 中。

表 4-3-4　教师评价表

评 价 内 容	指导教师评价
课堂中的表现	
问题的填写情况及操作是否规范	
建议	

学习活动 2：根据采集工件质量判断工件装配是否合格

 理论知识

（1）应用比较指令解决根据采集工件质量判断工件装配是否合格。

（2）学习 PLC 编程方法。

 技能训练

（1）设计 PLC 程序分析判断装配的关节工件是否合格及缺少的零件。

（2）设计 PLC 程序分析判断装配的电机工件是否合格及缺少的零件。

（3）设计 PLC 程序分析判断单个电机零件。

（4）正确设计触摸屏界面显示判断结果及零件信息。

 学习过程

（1）编写判断工件装配是否合格的控制程序，并写在下方。

（2）设计触摸屏界面，实现通过 HMI 显示判断工件装配是否合格，将编写的 HMI 界面写在下方，并指明对应关联的 PLC 变量。

（3）下载并调试 PLC。

编写并下载 PLC 和触摸屏程序，通过触摸屏显示判断装配工件是否合格，并将调试结果记录在表 4-3-5 中。

表 4-3-5   装配工件结果

序号	动　　作	完成情况	备注
1	完整成品关节检测		
2	缺法兰关节检测		
3	缺减速器关节检测		
4	缺电机关节检测		
5	缺关节外壳的关节检测		
6	完整成品电机检测		
7	缺端盖电机检测		
8	缺转子电机检测		
9	缺电机外壳的电机检测		
10	单个零件识别		

疑难问题

（1）_____

_____

_____

_____

（2）_____

_____

_____

_____

任务评价

1. 小组互评表

在线测试根据采集工件质量判断工件装配是否合格的控制程序,根据表 4-3-6 中的评价内容,小组之间互评分并提出建议填在表 4-3-6 中。

表 4-3-6　小组互评表

评 价 内 容	评价分值	小组互评	成员建议
理论知识掌握的情况	40		
实践操作掌握的情况	40		
参与讨论问题的表现	10		
职业素养	10		

2. 自我评价表

学生根据自己对知识的掌握情况以及课堂中的表现,在表 4-3-7 相应的位置画"√"。

表 4-3-7　自我评价表

评 价 内 容	一般	良好	优秀	自我反思
成品关节检测程序的编写与测试				
成品电机检测程序的编写与测试				
单个零件识别程序的编写与测试				
解决问题的能力				

3. 教师评价表

教师对学习活动做出汇总及评价,并填在表 4-3-8 中。

表 4-3-8　教师评价表

评 价 内 容	指导教师评价
课堂中的表现	
问题的填写情况及操作是否规范	
建议	

任务 4.4　旋转供料模块的控制

学习活动 1：旋转供料模块速度设定及正/反转控制和回零控制

 理论知识

（1）学习步进电机的工作原理。

（2）学习工艺对象的添加和设置。

（3）学习工艺指令的使用。

 技能训练

（1）能对伺服控制系统进行接线。

（2）会在 TIA Portal V15.1 软件中进行工艺对象的添加和设置。

（3）会使用 MC_Power 系统使能指令块。

（4）会使用 MC_Home 回参考点指令块。

（5）会使用 MC_MoveJog 以点动模式移动轴指令块。

（6）MC_MoveAbsolute 绝对定位轴指令块。

（7）会制作触摸屏界面。

 学习过程

（1）S7-1200 PLC 在运动控制中使用了轴的概念，通过轴的配置，包括硬件接口、位置定义、动态性能和机械特性等，与相关的指令块组合使用，可实现_____位置、_____位置、_____控制以及寻找_____等功能。

（2）点动功能至少需要 _____、_____和_____指令。

（3）在触发 MC_MoveAbsolute 指令前，需要轴有回_____完成信号才能执行。

（4）写出系统使能指令块参数的含义，填入表 4-4-1。

表 4-4-1　MC_Power 系统使能指令块的参数

LAD	输入/输出	参数的含义
	EN	
	Axis	
	Enable	
	StartMode	
	StopMode	
	Status	
	Error	

（5）写出 MC_Home 回参考点指令块的参数含义，填入表 4-4-2。

表 4-4-2　MC_Home 回参考点指令块的参数

LAD	输入/输出	参数的含义
%DB42 "MC_Home_DB" MC_Home EN　　　ENO <???> Axis　Done —false false Execute　Error —false 0.0 Position 0 Mode	EN	
	Axis	
	Execute	
	Position	
	Mode	
	Done	
	Error	

（6）写出 MC_MoveAbsolute 绝对定位轴指令块参数的含义，填入表 4-4-3。

表 4-4-3　MC_MoveAbsolute 绝对定位轴指令块参数

LAD	输入/输出	参数的含义
%DB53 "MC_ MoveAbsolute_ DB" MC_MoveAbsolute EN　　　ENO <???> Axis　Done —false false Execute　Error —false 0.0 Position 10.0 Velocity	EN	
	Axis	
	Execute	
	Position	
	Velocity	
	Done	
	Error	

（7）写出 MC_MoveJog 以点动模式移动轴指令参数的含义，填入表 4-4-4。

表 4-4-4　MC_MoveJog 以点动模式移动轴指令参数

LAD	输入/输出	参数的含义
%DB65 "MC_MoveJog_ DB" MC_MoveJog EN　　　ENO <???> Axis　InVelocity —false false JogForward　Error —false false JogBackward 10.0 Velocity	EN	
	Axis	
	JogForward	
	JogBackward	
	Velocity	
	InVelocity	
	Error	

（8）工艺对象"轴"配置是硬件配置的一部分。"轴"表示驱动的_____，"轴"工艺对象是用户程序与驱动的_____，工艺对象从用户程序收到运动控制命令，在运行时执行并监视执行状态。

（9）在运动控制中，必须要对工艺对象进行_____才能应用控制指令块。

（10）编写旋转供料模块速度设定、正/反转控制以及回零调试程序，并把程序写在下方。

（11）编写触摸屏界面。

新建一个界面如图 4-4-1 所示，通过触摸屏实现速度设定，调试旋转供料模块正/反转控制以及回零控制。

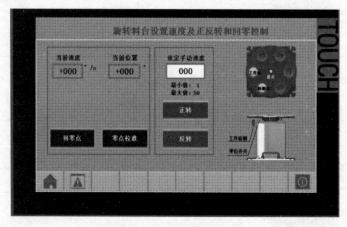

图 4-4-1　触摸屏界面

（12）下载并调试 PLC。

编写并下载 PLC 和触摸屏程序，通过触摸屏实现对旋转供料模块的调试，并将调试结果记录在表 4-4-5 中。

表 4-4-5　调试结果

序号	动　作	完成情况	备注
1	速度设定		
2	正转		
3	反转		
4	回零点		

 疑难问题

（1）_____

_____

_____

（2）_____

_____

_____

任务评价

1. 小组互评表

下载程序并调试,根据表 4-4-6 中的评价内容,小组之间互评分并提出建议填在表 4-4-6 中。

表 4-4-6　小组互评表

评价内容	评价分值	小组互评	成员建议
理论知识掌握的情况	40		
实践操作掌握的情况	40		
参与讨论问题的表现	10		
职业素养	10		

2. 自我评价表

学生根据自己对知识的掌握情况以及课堂中的表现,在表 4-4-7 相应的位置画"√"。

表 4-4-7　自我评价表

评价内容	一般	良好	优秀	自我反思
PLC 程序的编写				
PLC 程序的下载调试				
解决问题的能力				

3. 教师评价表

教师对学习活动做出汇总及评价,并填在表 4-4-8 中。

表 4-4-8　教师评价表

评价内容	指导教师评价
课堂中的表现	
问题的填写情况及操作是否规范	
建议	

学习活动 2：旋转供料模块搜寻工作控制

 理论知识

（1）学习工艺指令参数的含义。

（2）学习 PLC 的编程方法。

 技能训练

（1）会在 TIA Portal V15.1 软件中进行工艺对象的添加和设置。

（2）会使用工艺指令块编写程序。

（3）会制作触摸屏界面。

 学习过程

（1）编写旋转供料模块搜寻工作控制程序，并写在下方。

（2）制作触摸屏界面。

新建一个界面如图 4-4-1 所示，实现通过 HMI 控制旋转供料模块搜寻工件。

（3）下载并调试 PLC。

编写并下载 PLC 和触摸屏程序，通过触摸屏实现对旋转供料模块的搜寻工作控制，并将调试结果记录在表 4-4-9 中。

表 4-4-9　调试结果

序号	动　作	完成情况	备注
1	回零		
2	正转		
3	反转		
4	速度设定		
5	搜寻工作		

疑难问题

（1）_____

_____

_____

（2）_____

_____

_____

任务评价

1. 小组互评表

在线测试 PLC 程序,根据表 4-4-10 中的评价内容,小组之间互评分并提出建议填在表 4-4-10 中。

表 4-4-10　小组互评表

评 价 内 容	评价分值	小组互评	成员建议
理论知识掌握情况	40		
实践操作掌握情况	40		
参与讨论问题的表现	10		
职业素养	10		

2. 自我评价表

学生根据自己对知识的掌握情况以及课堂中的表现,在表 4-4-11 相应的位置画"√"。

表 4-4-11　自我评价表

评 价 内 容	一般	良好	优秀	自我反思
PLC 程序的编写				
PLC 程序的下载调试				
解决问题的能力				

3. 教师评价表

教师对学习活动做出汇总及评价,并填在表 4-4-12 中。

表 4-4-12　教师评价表

评 价 内 容	指导教师评价
课堂中的表现	
问题的填写情况及操作是否规范	
建议	

任务 4.5　RFID 读/写及显示

学习活动 1：RFID 读/写程序的编写

 理论知识

（1）学习西门子 RFID 的工作原理。

（2）学习相关 RFID 指令参数的含义。

 技能训练

（1）在西门子 RFID 在软件中，会新增工艺对象及参数设定。

（2）会使用 RFID 相关指令编写程序。

（3）会在线测试 RFID 的读/写和复位功能。

 学习过程

（1）一套完整的 RFID 系统，由阅读器与_____及应用软件系统三个部分所组成，其工作原理是阅读器发射一特定频率的无线电波能量，用以驱动电路将内部的数据送出，此时阅读器便依序接收解读数据，送给应用程序做相应的处理。

（2）RFID 系统由_____个询问器（或阅读器）和_____应答器（或标签）组成。

（3）写出添加工艺对象项目步骤。

（4）将读取指令 Read 参数含义填写在表 4-5-1 中。

表 4-5-1　读取指令 Read 参数表

LAD	参　数	数据类型	描　述
%DB13 "Read_DB" Read — EN　ENO — — EXECUTE　DONE — — ADDR_TAG　BUSY — — LEN_DATA　ERROR — — HW_CONNECT　STATUS — — IDENT_DATA　PRESENCE —	EXECUTE	BOOL	
	ADDR_TAG	DWORD	
	LEN_DATA	BETY	
	HW_CONNECT	IID_HW_CONNECT	
	IDENT_DATA	ANY / VARIANT	

（5）将写入指令 Write 参数含义填写在表 4-5-2 中。

表 4-5-2　写入指令 Write 参数表

LAD	参　数	数 据 类 型	描　　述
%DB14 "Write_DB" Write EN　ENO EXECUTE　DONE ADDR_TAG　BUSY LEN_DATA　ERROR HW_CONNECT　STATUS IDENT_DATA　PRESENCE	EXECUTE	BOOL	
	ADDR_TAG	DWORD	
	LEN_DATA	WORD	
	HW_CONNECT	Array[1…62] of Byte	
	IDENT_DATA	Any/Variant	

（6）将复位指令 Reset_Reader 参数含义填写在表 4-5-3 中。复位指令 Reset_Reader 参数如表 4-5-3 所示。

表 4-5-3　复位指令 Reset_Reader 参数表

LAD	参　数	数 据 类 型	描　　述
%DB6 "Reset_Reader_DB" Reset_Reader EN　ENO EXECUTE　DONE HW_CONNECT　BUSY ERROR STATUS	EXECUTE	DWORD	
	HW_CONNECT	IID_HW_CONNECT	

（7）PLC 编程。在博途 V15_1 环境下，S7-1200 PLC 1215C 通过 RF185C 通信模块，实现与 RFID 的通信。在设备中添加 RF185C 模块，设置相关通信参数，使用工艺组态的方式完成 Ident 设备的配置。S7-1200 PLC 通过 RF185C 完成 RFID 的复位、写入数据和读取数据的功能，并把完成情况填写到表 4-5-4 中。

表 4-5-4　RFID 读/写数据

序号	动　作	完成情况	备注
1	写数据		
2	读数据		
3	清除		

疑难问题

（1）_____

_____

_____

（2）_____

_____

_____

任务评价

1. 小组互评表

下载程序并调试,根据表 4-5-5 中的评价内容,小组之间互评分并提出建议填在表 4-5-5 中。

表 4-5-5 小组互评表

评 价 内 容	评价分值	小组互评	成员建议
理论知识掌握的情况	40		
实践操作掌握的情况	40		
参与讨论问题的表现	10		
职业素养	10		

2. 自我评价表

学生根据自己对知识的掌握情况以及课堂中的表现,在表 4-5-6 相应的位置画"√"。

表 4-5-6 自我评价表

评 价 内 容	一般	良好	优秀	自我反思
PLC 程序的编写				
PLC 程序的测试				
解决问题的能力				

3. 教师评价表

教师对学习活动做出汇总及评价,并填在表 4-5-7 中。

表 4-5-7 教师评价表

评 价 内 容	指导教师评价
课堂中的表现	
问题的填写情况及操作是否规范	
建议	

学习活动 2：代码录入、清除代码、仓库工件显示界面程序的编写

 理论知识

（1）触摸屏程序制作步骤。

（2）了解界面 I/O 域的应用。

 技能训练

（1）用 TIA Portal V15_1 软件编写触摸屏程序，实现代码录入、清楚代码、仓库工件显示等。

（2）下载程序并在线测试。

 学习过程

（1）画出工件信息录入过程流程图。

（2）编写触摸屏程序。

新建一个根界面，编写程序实现通过 HMI 控制工件代码的录入、清除，以及仓储模块工件代码显示，如图 4-5-1 所示。

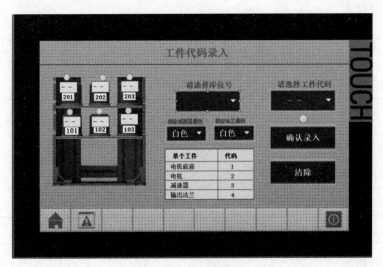

图 4-5-1　触摸屏界面

（3）下载并测试触摸屏界面功能，并把完成情况填入表 4-5-8 中。

表 4-5-8　触摸屏界面功能测试

序号	动　作	完成情况	备注
1	代码录入		
2	代码清除		
3	对应仓位显示半成品信息		
4	仓库工件显示		

疑难问题

（1）

（2）

任务评价

1. 小组互评表

下载程序并调试,根据表 4-5-9 中的评价内容,小组之间互评分并提出建议填在表 4-5-9 中。

表 4-5-9　小组互评表

评 价 内 容	评价分值	小组互评	成员建议
理论知识掌握的情况	40		
实践操作掌握的情况	40		
参与讨论问题的表现	10		
职业素养	10		

2. 自我评价表

学生根据自己对知识的掌握情况以及课堂中的表现,在表 4-5-10 相应的位置画"√"。

表 4-5-10　自我评价表

评 价 内 容	一般	良好	优秀	自我反思
PLC 程序的编写				
PLC 程序的测试				
解决问题的能力				

3. 教师评价表

教师对学习活动做出汇总及评价,并填在表 4-5-11 中。

表 4-5-11　教师评价表

评 价 内 容	指导教师评价
课堂中的表现	
问题的填写情况及操作是否规范	
建议	

任务 4.6　主控 PLC 与工业机器人之间的通信编程及应用

学习活动 1：PLC 与工业机器人 Modbus_TCP 通信编程

 理论知识

（1）学习 Modbus TCP 中 MB_CLIENT 引脚功能。

（2）学习数据类型 TCON_IP_v4 中各参数的意义。

（3）学习 PLC 与 IPC 配置。

 技能训练

（1）会创建 DB 全局数据块，添加需要传输的变量。

（2）根据系统配置填写 TCON_IP_v4 中的各参数。

（3）会利用 MB_CLIENT 指令编写通信程序。

（4）会在线测试 PLC 与机器人之间的通信状态。

学习过程

（1）工业机器人与 PLC 进行 Modbus TCP/IP 通信时，工业机器人为 Modbus _____，PLC 为_____，因此在 PLC 程序中，应选择 MB_CLIENT 通信函数块，进行通信的设置。

（2）写出 Modbus TCP 中 MB_CLIENT 指令的引脚说明。

① REQ：与 Modbus TCP 服务器之间的_____。

② DISCONNECT：通过该参数，可以控制与_____服务器建立和终止连接。

③ MB_MODE：选择 Modbus 的请求模式。0 是读；1 是_____。

④ MB_DATA_ADDR：_____。

⑤ MB_DATA_LEN：_____。

⑥ MB_DATA_PTR：_____。

⑦ CONNECT：_____。

⑧ DONE：_____。

⑨ BUSY：_____。

⑩ ERROR：_____。

⑪ STATUS：_____。

（3）MB_DATA_PTR 指定的数据缓冲区可以为 DB 块,本文以_____为例进行编程,DB 块属性里的优化块的访问取消勾选。

（4）写出数据类型 TCON_IP_v4 各参数的含义。

① Interface_id 的含义_____。

② ID 的含义_____。

③ connection_type 的含义_____。

④ active_established 的含义_____。

⑤ ADDR 的含义_____。

⑥ remote_port 的含义_____。

（5）编写 PLC 与工业机器人 Modbus TCP 通信程序并下载测试,将在线测试结果写在表 4-6-1 中。

表 4-6-1　通信测试

PLC 数据块		工业机器人寄存器	
DI66(写)	1(TRUE)	DI66	
DQ60(读)		DQ60	1(TRUE)
RI33(写)	100	R33	
RQ68(读)		R68	200

疑难问题

（1）_____

_____

_____

_____

（2）_____

_____

_____

_____

任务评价

1. 小组互评表

在线测试 PLC 与工业机器人 Modbus TCP 通信程序,根据表 4-6-2 中的评价内容,小组之间互评分并提出建议填在表 4-6-2 中。

表 4-6-2　小组互评表

评 价 内 容	评价分值	小组互评	成员建议
理论知识掌握的情况	40		
实践操作掌握的情况	40		
参与讨论问题的表现	10		
职业素养	10		

2. 自我评价表

学生根据自己对知识的掌握情况以及课堂中的表现,在表 4-6-3 相应的位置画"√"。

表 4-6-3　自我评价表

评 价 内 容	一般	良好	优秀	自我反思
通信程序的编写				
通信程序的测试				
解决问题的能力				

3. 教师评价表

教师对学习活动做出汇总及评价,并填在表 4-6-4 中。

表 4-6-4　教师评价表

评 价 内 容	指导教师评价
课堂中的表现	
问题的填写情况及操作是否规范	
建议	

学习活动 2：编写 PLC 和 HMI 程序控制工业机器人运动

 理论知识

（1）学习 PLC 编程方法。

（2）学习 TIA Portal V16 中 HMI 界面的制作。

 技能训练

（1）编写 PLC 控制机器人程序。

（2）制作 HMI 控制机器人界面。

（3）在线通信测试。

 学习过程

（1）根据任务编写 PLC 程序，并下载调试。

① PLC 发送信号 11，工业机器人运行 a 轨迹。

② PLC 发送信号 22，工业机器人运行 b 轨迹。

（2）具体要求。

① 工业机器人设置为自动运行状态，做好准备给 PLC 发送信号 100。

② 工业机器人运行时给 PLC 发送信号 200。

③ a 轨迹：从料仓抓取料筒送往变位器。

④ b 轨迹：从传送带上抓取法兰放到变位器上的料筒中。

（3）编写 HMI 界面如图 4-6-1 所示，并下载调试。

实现在 HMI 上控制机器人的运行轨迹，并在 HMI 上显示机器人的工作状态。

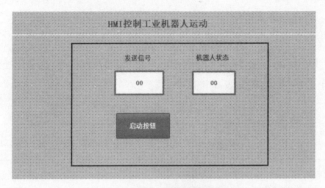

图 4-6-1 HMI 界面

（4）将 PLC 与 HMI 程序调试结果记录在表 4-6-5 中。

表 4-6-5 测试结果

序号	动 作	完成情况	备注
1	发送信号 11		
2	发送信号 22		
3	机器人运动轨迹 a		
4	机器人运动轨迹 b		
5	机器人状态信号		

疑难问题

（1）

（2）

任务评价

1. 小组互评表

在线测试用 PLC 控制工业机器人 Modbus_tcp 通信程序,根据表 4-6-6 中的评价内容,小组之间互评分并提出建议填在表 4-6-6 中。

表 4-6-6 小组互评表

评 价 内 容	评价分值	小组互评	成员建议
理论知识掌握的情况	40		
实践操作掌握的情况	40		
参与讨论问题的表现	10		
职业素养	10		

2. 自我评价表

学生根据自己对知识的掌握情况以及课堂中的表现,在表 4-6-7 相应的位置画"√"。

表 4-6-7 自我评价表

评 价 内 容	一般	良好	优秀	自我反思
通信程序的编写				
通信程序的测试				
解决问题的能力				

3. 教师评价表

教师对学习活动做出汇总及评价,并填在表 4-6-8 中。

表 4-6-8 教师评价表

评 价 内 容	指导教师评价
课堂中的表现	
问题的填写情况及操作是否规范	
建议	

任务 5.1　关节部件顺序装配

学习活动 1：关节部件顺序装配 PLC 与工业机器人编程

 理论知识

（1）掌握关节部件顺序装配工艺流程。

（2）了解设备网络互联。

 技能训练

（1）绘制 PLC 程序流程图。

（2）熟练编写 PLC 与工业机器人程序。

 学习过程

（1）以小组为单位制作 PPT，展示工作站自动化控制的解决方案。

（2）分析任务，画出 PLC 程序流程图。

（3）根据任务编写 PLC 和工业机器人程序，下载并进行调试，并把完成情况填写到表 5-1-1 中。

表 5-1-1　PLC 编程和工业机器人动作测试

内　　容	动　　作	完成情况	备注
关节底座装配	按下 HMI 按钮抓取弧口工具		
	机器人从立库 101 正确抓取关节底座		
	将关节轴底座，搬运到输送线末端		
	变位机向机器人侧旋转 15°		
	将弧口工具自动放回快换装置		
电机部件装配	按下 HMI 按钮机器人抓取直口工具		
	机器人正确抓取电机		
	机器人正确装配电机		
	将直口工具自动放回快换装置		

续表

内　　容	动　　作	完成情况	备注
减速器装配	按下 HMI 按钮,机器人抓取吸盘工具		
	井式供料单元将减速器上料		
	上料后井式供料单元气缸缩回		
	正确输送减速器工件		
	检测到工件后输送带停止		
	正确将减速器放置关节底座内		
	将吸盘工具自动放回快换装置		
法兰装配	按下 HMI 按钮,机器人抓取吸盘工具		
	井式供料单元将法兰上料		
	上料后井式供料单元气缸缩回		
	正确输送法兰工件		
	检测到工件后输送带停止		
	正确完成法兰抓取		
	校正法兰装配角度,并装配		
	将吸盘工具自动放回快换装置		

疑难问题

（1）_____

_____

_____

（2）_____

_____

_____

任务评价

1. 小组互评表

测试关节部件顺序装配 PLC 与工业机器人程序,根据表 5-1-2 中的评价内容,小组之间互评分并提出建议填在表 5-1-2 中。

表 5-1-2 小组互评表

评 价 内 容	评价分值	小组互评	成员建议
理论知识掌握情况	40		
实践操作掌握情况	40		
参与讨论问题的表现	10		
职业素养	10		

2. 自我评价表

学生根据自己对知识的掌握情况以及课堂中的表现,在表 5-1-3 相应的位置画"√"。

表 5-1-3 自我评价表

评 价 内 容	一般	良好	优秀	自我反思
PLC 程序的编写				
机器人程序的编写				
解决问题的能力				

3. 教师评价表

教师最后做出汇总及评价(表 5-1-4)。

表 5-1-4 教师评价表

评 价 内 容	指导教师评价
课堂中的表现	
问题的填写情况及操作是否规范	
建议	

学习活动 2：关节部件顺序装配联调

 理论知识

（1）了解设备网络互联。

（2）熟练搭建视觉流程。

 技能训练

（1）能够实现工业机器人智能检测。

（2）关节部件顺序装配的调试和优化。

 学习过程

（1）熟练搭建视觉流程，实现工业机器人智能检测，并把完成情况填写到表 5-1-5 中。

表 5-1-5　视觉识别测试

序号	动作	完成情况	备注
1	建立机器人与视觉之前的通信		
2	利用视觉软件进行模板设置		
3	正确获取关节底座颜色		
4	正确获取减速器特征		
5	正确获取减速器颜色		

（2）关节部件顺序装配的调试和优化，并把完成情况填写到表 5-1-6 中。

表 5-1-6　关节部件顺序装配联调测试

内容	动作	完成情况	备注
PLC 及视觉编程	HMI 立体仓库位正确显示		
	RFID 信息正确显示		
	启动后将工具放回快换装置		
	工具放回后机器人回到工作原点		
	变位机复位至水平位置		
PLC 及视觉编程	立体库 101 和 102 位置显示工件类型为 1		
	电机放置在旋转供料模块上		
关节底座装配	按下 HMI 启动按钮，抓取弧口工具		
	机器人从立库 101 正确抓取关节底座		
	将关节轴底座搬运到输送线末端		
	蓝色底座上料，如果不是蓝色，把料送回 101，再去 202 取料，拍照，上料		
	变位机向机器人侧旋转 15°		
	将弧口工具自动放回快换装置		

续表

内容	动　作	完成情况	备注
电机部件装配	机器人自动抓取直口工具		
	机器人正确抓取电机		
	机器人正确装配电机		
	将直口工具自动放回快换装置		
减速器装配	机器人自动抓取吸盘工具		
	井式供料单元将减速器上料		
	上料后井式供料单元气缸缩回		
	正确输送减速器工件		
	检测到工件后输送带停止		
	正确完成蓝色减速器抓取		
	正确将蓝色减速器放置关节底座内		
	将吸盘工具自动放回快换装置		
	机器人自动抓取吸盘工具		
法兰装配	井式供料单元将法兰上料		
	上料后井式供料单元气缸缩回		
	正确输送法兰工件		
	检测到工件后输送带停止		
	正确完成法兰抓取		
	校正法兰装配角度,并装配		
	将吸盘工具自动放回快换装置		
职业素养	遵守纪律,无安全事故		
	工位保持清洁,物品整齐		
	着装规范整洁,佩戴安全帽		
	操作规范,爱护设备		

(3)小组为单位制作视频,展示关节部件顺序装配联调结果。

 疑难问题

(1) _____

_____

_____

(2) _____

_____

_____

 **任务评价**

1. 小组互评表

在设备联调中,根据表 5-1-7 中的评价内容,小组之间互评分并提出建议填在表 5-1-7 中。

表 5-1-7　小组互评表

评 价 内 容	评价分值	小组互评	成员建议
理论知识掌握的情况	40		
实践操作掌握的情况	40		
参与讨论问题的表现	10		
职业素养	10		

2. 自我评价表

学生根据自己对知识的掌握情况以及课堂中的表现,在表 5-1-8 相应的位置画"√"。

表 5-1-8　自我评价表

评 价 内 容	一般	良好	优秀	自我反思
视觉标定				
PLC 与工业机器人程序编写的能力				
设备联调				

3. 教师评价表

教师对学习活动做出汇总及评价,并填在表 5-1-9 中。

表 5-1-9　教师评价表

评 价 内 容	指导教师评价
课堂中的表现	
问题的填写情况及操作是否规范	
建议	

任务 5.2　关节部件返修装配

学习活动 1：关节部件返修装配 PLC 与工业机器人编程

 理论知识

（1）掌握关节部件返修装配工艺流程。

（2）了解设备网络互联。

 技能训练

（1）绘制 PLC 程序流程图。

（2）熟练编写 PLC 与工业机器人程序。

 学习过程

（1）分析任务，画出 PLC 程序流程图。

（2）以小组为单位制作 PPT，展示关节部件返修装配自动化控制的解决方案。

（3）根据任务编写 PLC 和工业机器人程序，下载并进行调试。将完成情况填写到表 5-2-1 中。

表 5-2-1　PLC 编程和工业机器人动作测试

内　容	动　作	完成情况	备注
关节底座装配	按下 HMI 启动按钮，抓取弧口工具		
	机器人从立库 101 正确抓取关节底座		
	将关节底座放到变位机上夹紧		
	将弧口工具自动放回快换装置		
减速器放回井式料仓	机器人抓取吸盘工具		
	把底座中的减速器吸起来送到井式料桶中		
电机部件装配	按下 HMI 按钮，机器人抓取直口工具		
	机器人正确抓取电机		
	机器人正确装配电机		
	将直口工具自动放回快换装置		
减速器装配	按下 HMI 按钮，机器人抓取吸盘工具		
	井式供料单元将减速器上料		
	上料后井式供料单元气缸缩回		
	正确输送减速器工件		
	检测到工件后输送带停止		
	正确完成蓝色减速器抓取		
	正确将蓝色减速器放置在关节底座内		
	将吸盘工具自动放回快换装置		
法兰装配	按下 HMI 按钮，机器人抓取吸盘工具		
	井式供料单元将法兰上料		
	上料后井式供料单元气缸缩回		
	正确输送法兰工件		
	检测到工件后，输送带停止		
	正确完成法兰抓取，并装配		
	将吸盘工具自动放回快换装置		

 疑难问题

（1）_____

_____

（2）_____

_____

_____

任务评价

1. 小组互评表

测试关节部件返修装配 PLC 与工业机器人程序,根据表 5-2-2 中的评价内容,小组之间互评分并提出建议填在表 5-2-2 中。

表 5-2-2　小组互评表

评 价 内 容	评价分值	小组互评	成员建议
理论知识掌握的情况	40		
实践操作掌握的情况	40		
参与讨论问题的表现	10		
职业素养	10		

2. 自我评价表

学生根据自己对知识的掌握情况以及课堂中的表现,在表 5-2-3 相应的位置画"√"。

表 5-2-3　自我评价表

评 价 内 容	一般	良好	优秀	自我反思
PLC 程序的编写				
机器人程序的编写				
解决问题的能力				

3. 教师评价表

教师对学习活动做出汇总及评价,并填在表 5-2-4 中。

表 5-2-4　教师评价表

评 价 内 容	指导教师评价
课堂中的表现	
问题的填写情况及操作是否规范	
建议	

学习活动 2：关节部件返修装配联调

 理论知识

（1）了解设备网络互联。

（2）熟练搭建视觉流程。

 技能训练

（1）能够实现工业机器人智能检测。

（2）关节部件返修装配的调试和优化。

 学习过程

（1）熟练搭建视觉流程，实现工业机器人智能检测，并把完成情况填写到表 5-2-5 中。

表 5-2-5　视觉识别测试

序号	动　作	完成情况	备注
1	建立机器人与视觉之前的通信		
2	利用视觉软件进行模板设置		
3	正确获取关节底座颜色		
4	正确获取减速器特征		
5	正确获取减速器颜色		

（2）关节部件返修品装配的调试和优化，并把完成情况填写到表 5-2-6 中。

表 5-2-6　关节部件返修品装配调试测试

内　容	动　作	完成情况	备注
PLC 及视觉编程	HMI 立体仓库位正确显示		
	RFID 信息正确显示		
	启动后将工具放回快换装置		
	工具放回后，机器人回到工作原点		
	变位机复位至水平位置		
	立体库 101 和 102 位置显示工件类型为 1		
	电机放置在旋转供料模块上		
关节底座装配	按下 HMI 启动按钮，抓取弧口工具		
	机器人从立库 101 正确抓取关节底座		
	将关节底座放到变位机上夹紧		
	将弧口工具自动放回快换装置		
减速器放回井式料仓	机器人抓取吸盘工具		
	把底座中的减速器吸起来送到井式料桶中		